《沙尘天气年鉴》（2015 年）编写人员

主　　　　编：魏　丽

副　主　编：安林昌　张恒德

编　写　人　员：

国 家 气 象 中 心：张亚妮　李　明　吕终亮　谢　超

尤　媛　林玉成　赵彦哲

国 家 气 候 中 心：杨明珠　钟海玲　艾婉秀

国家卫星气象中心：李　云　刘清华

前　言

　　沙尘天气是风将地面尘土、沙粒卷入空中，使空气混浊的一种天气现象的统称，是影响我国北方地区的主要灾害性天气之一。强沙尘天气的发生往往给当地人民的生命财产造成巨大损失。

　　近年来，随着社会、经济的发展，沙尘天气给国民经济、生态环境和社会活动等诸多方面造成的灾害性影响越来越受到社会各界和国际上的关注。我国对沙尘天气也越来越重视，监测手段的逐渐增多以及沙尘天气研究工作取得的进展，使沙尘天气的预报水平不断地提高，为防御和减轻沙尘天气造成的损失做出了重要贡献。

　　为了适应沙尘天气科学研究的需要，也为各级气象台站气象业务技术人员提供更充分的沙尘天气信息，更好地掌握沙尘天气活动规律，提高预报准确率，国家气象中心组织整编了《沙尘天气年鉴》（2015 年）。年鉴中有关资料承蒙全国各有关省、自治区、直辖市气象局的大力协作和支持，使编写工作得以顺利完成。

　　《沙尘天气年鉴》（2015 年）的内容包括对 2015 年沙尘天气过程概况的描述和沙尘天气产生的气象条件的分析，全年和逐月沙尘天气时空分布及主要沙尘天气过程相关图表等。

FOREWORD

Sand-dust weather is the phenomenon that wind blows dust and sand from ground into the air and makes it turbid. It's one of the main disastrous weather phenomena influencing northern areas of our country. Great casualties of people's lives and properties occur in these areas because of severe sand-dust weather.

In recent years, with the development of society and economy, the disastrous influence of sand-dust weather on national economy, ecology and social life has become a hot issue in China, even in the world. With more and more attention to sand-dust weather and gradual increment of monitoring ways, the sand-dust weather research has been made and forecast level for this kind of weather has been improved, which contributes a lot to loss mitigation and sand-dust weather prevention.

In order to meet the requirements of sandstorm research, provide more sufficient sand-dust weather information for weather forecasters, National Meteorological Center compiled this "Sand-dust Weather Almanac 2015". The volume of almanac not only assists us by obtaining further knowledge on the behavior of sandstorm and improving forecast accuracy but provides better service for prevention of sandstorm as well. Thanks for the contribution of sand-dust data from relevant meteorological sections. We own the success of this compilation to the great support of all the meteorological observatories and stations country-wide.

"Sand-dust Weather Almanac 2015" covers the annual general situation and meteorological background of sand-dust weather, annual and monthly temporal and spatial distribution charts of different types of sand-dust weather, as well as some charts and tables of main sand-dust weather cases in 2015.

一、沙尘天气及沙尘天气过程的定义

本年鉴有关沙尘天气及沙尘天气过程的定义执行国家标准 GB/T 20480‑2006《沙尘暴天气等级》。

沙尘天气分为浮尘、扬沙、沙尘暴、强沙尘暴和特强沙尘暴五类。

1. 浮尘：当天气条件为无风或平均风速≤3.0 m/s 时，尘沙浮游在空中，使水平能见度小于 10 km 的天气现象。

2. 扬沙：风将地面尘沙吹起，使空气相当混浊，水平能见度在 1～10 km 以内的天气现象。

3. 沙尘暴：强风将地面尘沙吹起，使空气很混浊，水平能见度小于 1 km 的天气现象。

4. 强沙尘暴：大风将地面尘沙吹起，使空气非常混浊，水平能见度小于 500 m 的天气现象。

5. 特强沙尘暴：狂风将地面尘沙吹起，使空气特别混浊，水平能见度小于 50 m 的天气现象。

沙尘天气过程分为五类：浮尘天气过程、扬沙天气过程、沙尘暴天气过程、强沙尘暴天气过程和特强沙尘暴天气过程。

1. 浮尘天气过程：在同一次天气过程中，相邻 5 个或 5 个以上国家基本（准）站在同一观测时次出现了浮尘的沙尘天气。

2. 扬沙天气过程：在同一次天气过程中，相邻 5 个或 5 个以上国家基本（准）站在同一观测时次出现了扬沙或更强的沙尘天气。

3. 沙尘暴天气过程：在同一次天气过程中，相邻 3 个或 3 个以上国家基本（准）站在同一观测时次出现了沙尘暴或更强的沙尘天气。

4. 强沙尘暴天气过程：在同一次天气过程中，相邻 3 个或 3 个以上国家基本（准）站在同一观测时次成片出现了强沙尘暴或特强沙尘暴天气。

5. 特强沙尘暴天气过程：在同一次天气过程中，相邻 3 个或 3 个以上国家基本（准）站在同一观测时次出现了特强沙尘暴的沙尘天气。

为了同往年《沙尘天气年鉴》统一，依照中国气象局《沙尘天气预警业务服务暂行规定（修订）》（气发〔2003〕12 号），本年鉴只统计和分析浮尘、扬沙、沙尘暴和强沙尘暴四类以及浮尘天气过程、扬沙天气过程、沙尘暴天气过程和强沙尘暴天气过程四类。

二、资料与统计方法

2015 年沙尘天气日数和站数、沙尘天气过程和强度等是逐日 8 个时次（时界：北京时 00 时）地面观测资料的统计结果。

具体统计方法如下：

1. 对测站沙尘日、扬沙日、沙尘暴日、强沙尘暴日的规定：

（1）某测站一日 8 个时次只要有一个时次出现沙尘天气，则该站记有一个沙尘日；

（2）某测站一日 8 个时次只要有一个时次出现了扬沙、沙尘暴或强沙尘暴，记有一个扬沙日；

（3）某测站一日 8 个时次只要有一个时次出现沙尘暴或强沙尘暴，记有一个沙尘暴日；

（4）某测站一日 8 个时次只要有一个时次出现强沙尘暴，记有一个强沙尘暴日。

2. 对某一天沙尘天气、扬沙、沙尘暴、强沙尘暴站数的规定：

（1）某一天出现沙尘天气站数的总和为该日的沙尘天气站数；

（2）某一天出现扬沙、沙尘暴及强沙尘暴站数的总和为该日的扬沙站数；

（3）某一天出现沙尘暴及强沙尘暴站数的总和为该日的沙尘暴站数；

（4）某一天出现强沙尘暴站数的总和为该日的强沙尘暴站数。

3. 对某一统计时段内沙尘天气总站日数的规定：

（1）统计时段内逐日沙尘天气站数的总和为该时段的沙尘天气总站日数；

（2）统计时段内逐日扬沙站数的总和为该时段的扬沙总站日数；

（3）统计时段内逐日沙尘暴站数的总和为该时段的沙尘暴总站日数；

（4）统计时段内逐日强沙尘暴站数的总和为该时段强沙尘暴总站日数。

三、沙尘天气过程编号标准

国家气象中心对每年移入或发生在我国范围内的扬沙、沙尘暴、强沙尘暴天气过程按照其出现的先后次序进行编号，编号用 6 位数码，前四位数码表示年份，后两位数码表示出现的先后次序。例如：2015 年出现的第 5 次沙尘天气过程应编为"201505"。

四、沙尘天气过程纪要表内容

沙尘天气过程纪要表包括该年出现的所有扬沙、沙尘暴和强沙尘暴天气过程，其相关内容包括：沙尘天气过程编号、起止时间、过程类型、主要影响系统、扬沙和沙尘暴影响范围和风力。其中主要影响系统是指引起沙尘天气的地面天气尺度的天气系统，主要包括冷锋、气旋、低气压。冷锋是冷气团占主导地位推动暖气团移动的冷、暖空气过渡带，锋后常伴有大风。蒙古气旋产生于蒙古国或我国内蒙古，它由两到三种冷、暖气团交汇而成，通常从气旋中心往外有冷锋、暖锋或锢囚锋生成，气旋发展强烈时常出现大风。低气压是指中心气压低于四周并具有闭合等压线的天气系统。

五、年及各月沙尘天气日数分布图

年及各月沙尘天气日数分布图包括年及各月沙尘天气出现日数分布图、扬沙天气出现日数分布图、沙尘暴天气出现日数分布图和强沙尘暴天气出现日数分布图。

六、沙尘天气过程图表

沙尘天气过程图表包括沙尘天气过程描述表、沙尘天气范围图、500 hPa 环流形势图、地面天气形势图及气象卫星监测图像等。沙尘天气过程描述表中的最大风速是从该次沙尘天气过程中所有出现沙尘天气站点的定时观测中统计出来的最大风速。500 hPa 环流形势图、地面天气形势图的选用原则是能充分反映造成该次沙尘天气过程的环流形势及影响系统，图中 G（D）表示高（低）气压中心，L（N）表示冷（暖）空气中心。

七、沙尘天气路径划分标准

沙尘天气路径分为偏北路径型、偏西路径型、西北路径型、南疆盆地型和局地型五类。

1. 偏北路径型：沙尘天气起源于蒙古国或我国东北地区西部，受偏北气流引导，沙尘主体自北向南移动，主要影响我国西北地区东部、华北大部和东北地区南部，有时还会影响到黄淮等地；

2. 偏西路径型：沙尘天气起源于蒙古国、我国内蒙古西部或新疆南部，受偏西气流引导，沙尘主体向偏东方向移动，主要影响我国西北、华北，有时还影响到东北地区西部和南部；

3. 西北路径型：沙尘天气一般起源于蒙古国或我国内蒙古西部，受西北气流引导，沙尘主体自西北向东南方向移动，或先向东南方向移动，而后随气旋收缩北上转向东北方向移动，主要影响我国西北和华北，甚至还会影响到黄淮、江淮等地；

4. 南疆盆地型：沙尘天气起源于新疆南部，并主要影响该地区；

5. 局地型：局部地区有沙尘天气出现，但沙尘主体没有明显的移动。

目 录

1 2015 年沙尘天气概况

1.1 沙尘天气过程

2015 年全年我国共出现了 15 次沙尘天气过程，其中扬沙天气过程 13 次、沙尘暴天气过程 1 次，强沙尘暴天气过程 1 次，有 12 次沙尘过程发生在春季。15 次沙尘天气过程中偏西路径型五次，西北路径型两次，偏北路径型六次，南疆盆地型两次。首次发生的沙尘天气过程为 2015 年 2 月 21－22 日的扬沙天气过程，末次是 8 月 15－16 日的扬沙天气过程。2015 年强度最强的沙尘天气过程是 3 月 31 日－4 月 1 日的强沙尘暴天气过程，新疆南疆盆地、青海西北部、甘肃中西部、内蒙古西部、宁夏北部的部分地区出现沙尘暴，局地出现了强沙尘暴。

1.2 沙尘天气日数

2015 年我国西北地区、内蒙古、华北和东北中南部的大部分地区以及黄淮、江淮、四川盆地、西藏等地的局部地区都出现了沙尘天气（图 1.1）。有两个沙尘天气出现日数超过 10 天的多发区，一个位于新疆南疆盆地，沙尘天气日数达 50～100 天，皮山、民丰、塔中、且末等站沙尘天气日数超过 100 天，其中民丰最多达到 167 天；另一个多发区位于青海西北部、甘肃西部和内蒙古西部，沙尘天气日数一般为 15～20 天。

扬沙天气主要出现在我国西北地区、内蒙古、华北、东北地区南部等地（图 1.2）。扬沙天气也存在两个多发区，位置与沙尘天气基本相同，日数一般有 10～30 天，其中新疆南疆盆地南部可达 25～60 天。

沙尘暴天气出现的区域较扬沙天气明显缩小（图 1.3），主要分布在新疆南疆盆地、青海柴达木盆地、甘肃西部、内蒙古中西部，沙尘暴日数一般为 1～5 天，新疆南疆盆地部分地区、甘肃西部和内蒙古西部的局部地区超过 5 天，新疆南疆盆地、内蒙古西部局部达 6～10 天。

强沙尘暴天气主要出现在新疆南疆盆地，甘肃西部、青海柴达木盆地和内蒙古西部局地也有出现（图 1.4），日数一般为 1～2 天，新疆南疆盆地东南部局部地区有 3 天。

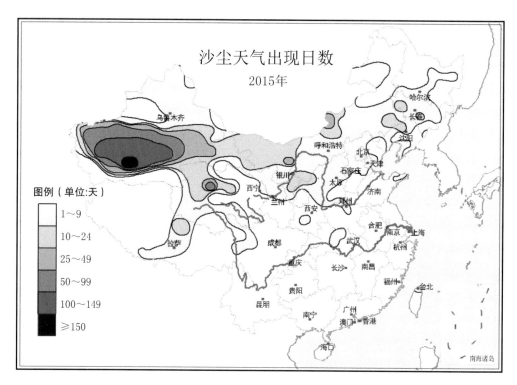

图 1.1　2015 年沙尘天气日数图

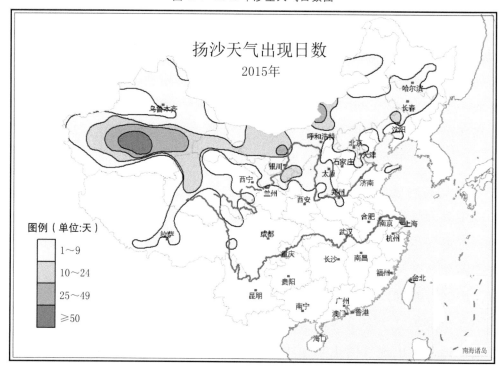

图 1.2　2015 年扬沙天气日数图

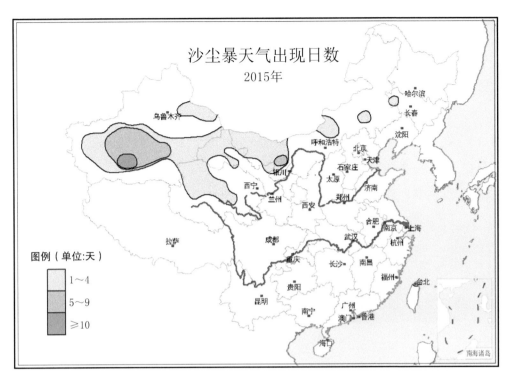

图 1.3　2015 年沙尘暴天气日数图

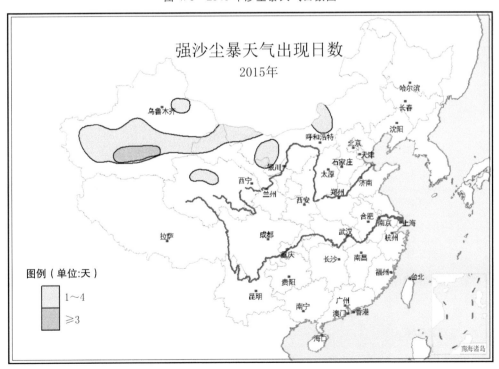

图 1.4　2015 年强沙尘暴天气日数图

1.3 2015 年春季沙尘天气主要特点

（1）春季沙尘过程数偏少，沙尘暴以上次数与 2003 年并列为 2000 年以来最少，强沙尘次数 1961 年以来最少

2015 年春季，全国共出现了 12 次沙尘天气过程，较常年（1981－2010 年）同期（17.2 次）明显偏少，接近 15 年（2000－2014 年）同期平均（11.2 次），沙尘暴以上过程次数（沙尘暴和强沙尘暴过程各 1 次）与 2003 年并列为 2000 年以来同期第二少，仅次于 2013 年；明显少于近 15 年（2000－2014 年）同期平均（沙尘暴 4.7 次和强沙尘暴 1.7 次）（表 1.1）。

表 1.1 2000－2015 年春季我国沙尘天气过程统计

年份	扬沙天气过程	沙尘暴天气过程	强沙尘暴天气过程	总沙尘天气过程
2000 年	7	7	2	16
2001 年	5	10	3	18
2002 年	1	7	4	12
2003 年	5	2	0	7
2004 年	9	5	1	15
2005 年	5	2	1	8
2006 年	6	6	5	17
2007 年	5	8	1	14
2008 年	1	8	1	10
2009 年	2	5	0	7
2010 年	8	6	1	15
2011 年	5	1	2	8
2012 年	4	2	2	8
2013 年	5	1	0	6
2014 年	4	1	2	7
2015 年	10	1	1	12
2000－2014 年平均	4.8	4.7	1.7	11.2
常年平均（1981－2010 年）	/	/	/	17.2

（2）沙尘首发时间早

2015 年我国首次沙尘天气出现在 2 月 21 日，首发时间接近 2000－2014 年平均（2 月 15 日），较 2014 年（3 月 19 日）偏早近 1 个月（表 1.2）。

表 1.2　2000 年以来历年沙尘天气最早发生时间

年份	最早发生时间	年份	最早发生时间
2000 年	1 月 1 日	2008 年	2 月 11 日
2001 年	1 月 1 日	2009 年	2 月 19 日
2002 年	2 月 9 日	2010 年	3 月 8 日
2003 年	1 月 20 日	2011 年	3 月 12 日
2004 年	2 月 3 日	2012 年	3 月 20 日
2005 年	2 月 21 日	2013 年	2 月 24 日
2006 年	3 月 9 日	2014 年	3 月 19 日
2007 年	1 月 26 日	2015 年	2 月 21 日

（3）沙尘日数偏少

2015 年春季，全国出现沙尘和扬沙的总站数依次为 186 个和 165 个，分别较近 15 年（2000－2014 年）平均值（249 天和 176 天）偏少 25％和 6％，出现沙尘暴和强沙尘暴的总站数为 30 个和 15 个，依次较近 15 年（2000－2014 年）平均值（65 天和 25 天）偏少 54％和 40％，其中，沙尘暴出现的站数为近 16 年（2000－2015 年）同期最少，强沙尘暴出现的站数为近 16 年（2000－2015 年）第四少，仅比 2003 年、2012 年和 2013 年多（图 1.5），表明 2015 年春季全国出现沙尘天气的范围明显偏小。

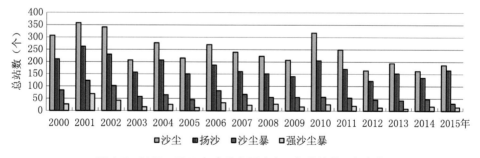

图 1.5　2000—2015 年春季全国沙尘天气总站数逐年变化

2015 年春季，全国累计出现的沙尘、扬沙总站日数分别较近 15 年（2000－2014 年）同期平均值偏少 17％和 17％。沙尘暴和强沙尘暴总站日数分别为 62 站·天和 18 站·天（图 1.6），较近 15 年（2000－2014 年）同期平均值偏少 62％和 60％。沙尘暴出现的总站日数为近 16 年（2000－2015 年）同期最少，强沙尘

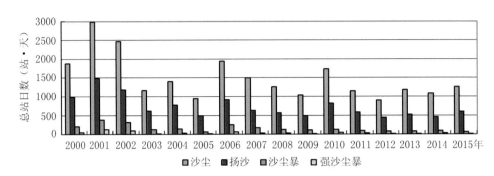

图 1.6   2000—2015 年春季全国沙尘天气总站日数逐年变化

暴出现的总站日数为近 16 年（2000－2015 年）第三少，仅比 2005 年和 2013 年多。从全国春季平均沙尘日数来看（图 1.7），2015 年春季，我国北方平均沙尘天气日数为 5.0 天，少于常年同期（8.2 天），多于 2014 年同期（4.1 天），比 2000－2014 年同期（6.0 天）偏少 1.0 天（图 1.7）。平均沙尘暴日数为 0.3 天，分别比常年同期（1.2 天）和 2000－2014 年同期（0.8 天）偏少 0.9 天和 0.5 天，为 1961 年以来最少（图 1.8）。

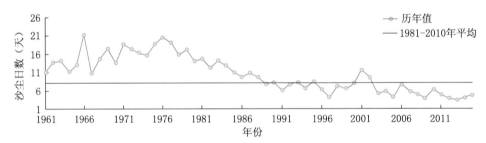

图 1.7   1961—2015 年春季（3－5 月）我国北方沙尘（扬沙以上）日数历年变化

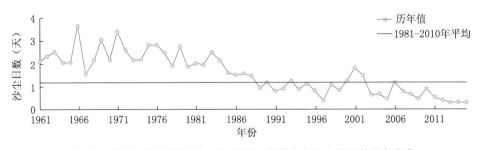

图 1.8   1961—2015 年春季（3－5 月）我国北方沙尘暴日数历年变化

1.4   2015 年我国北方沙尘天气影响

2015 年沙尘天气的影响总体偏轻，但 4 月 14－16 日和 4 月 27－30 日两次过程影响范围广，造成了较大经济损失。

3 月 31 日－4 月 1 日，新疆南疆大部、甘肃中西部、青海西部、宁夏北部、内蒙古西部出现了扬沙或浮尘，部分地区出现了沙尘暴，其中内蒙古额济纳、甘肃敦煌和安西、青海格尔木等地出现了强沙尘暴。

4月14—16日，内蒙古、西北地区东部、华北、黄淮北部、东北地区西部等地出现5～7级风，阵风8～9级；内蒙古中南部、宁夏、陕西中北部、山西、河北、北京、天津、河南北部、山东北部及黑龙江西南部、吉林西部、辽宁西北部等地出现扬沙或浮尘天气，北京、山西东北部、内蒙古南部等地局地出现沙尘暴。这次沙尘天气影响面积达140万平方千米，期间，华北、东北地区大部、内蒙古、甘肃西部、陕西西北部、山东北部、河南北部等地出现8～12 ℃的降温，局地降温幅度达14～18 ℃。

4月27—30日，新疆南疆盆地大部和北疆中东部、甘肃西部、青海西北部、内蒙古中部、东北地区西南部等地出现了扬沙天气，部分地区出现沙尘暴。其中，新疆南疆盆地西南部的墨玉、和田、民丰，北疆玛纳斯等地出现了强沙尘暴。此次沙尘天气是2015年新疆遭遇范围最广、强度最大的一场沙尘天气过程。截至4月29日09时，新疆克拉玛依、吐鲁番、哈密等12地（市、自治州）28个县（市、区）64.1万人受灾，农作物受灾面积9.49万公顷，其中绝收1600公顷，200余间房屋不同程度损坏，直接经济损失2.3亿元；新疆生产建设兵团一师、二师、三师等12师64个团（场）4.9万人受灾，农作物受灾面积4.23万公顷，直接经济损失5600余万元。

2 2015 年北方沙尘天气偏少的成因分析

导致 2015 年春季我国北方沙尘过程略少、强度偏弱，北方常年沙尘多发区沙尘天气均偏少的主要原因是冷空气活动弱，沙尘动力输送条件差。

2.1 冷空气总体偏弱，动力输送条件偏差

2015 年春季，北极涛动（AO）指数持续为正（图 2.1），表明北极涛动持续正位相，冷空气主要在极地，不利于向南扩散活动。春季欧亚地区纬向环流指数为正距平（图 2.2），表示欧亚中高纬度地区盛行纬向环流。从春季 500 hPa 位势高度距平场分布可以看到（图 2.3），欧洲至东亚的大部分区域位势高度场偏高，我国北方上空为高度场正距平控制，东亚大槽强度偏弱。在这种环流配置下，不利于冷空气南下影响我国，春季我国大部气温偏高（图 2.4），沙尘传输的动力条件偏差。

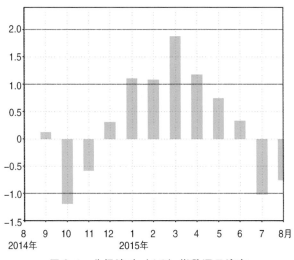

图 2.1 北极涛动（AO）指数逐日演变

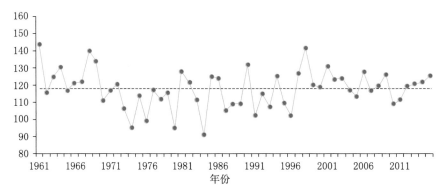

图 2.2 春季欧亚纬向环流指数序列（正指数表明 2015 年以纬向环流为主）

图 2.3　2015 年春季北半球 500 hPa 高度距平场分布图（单位：gpm）

全国平均气温距平分布图
2015年03月01日-05月31日

图例
（单位:℃）
>6
4～6
2～4
1～2
0.5～1
0～0.5
-0.5～0
-1～-0.5
-2～-1
-4～-2
<-4

图 2.4　2015 年春季全国平均气温距平分布图

2.2　内蒙古中东部和蒙古国前期降水偏少，抑沙条件偏差

2014 年夏季，我国北方大部地区和蒙古国南部降水较常年同期偏少（图 2.5），不利于植被生长，抑制起沙的条件偏差。

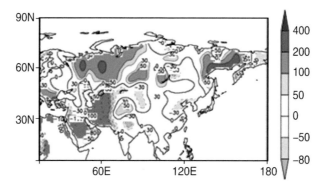

2.5　2014 年夏季欧亚降水距平百分率分布图（单位:%）

3　2015 年沙尘天气过程纪要表

编号	起止时间	过程类型	主要 影响系统	扬沙和沙尘暴主要影响范围	风力
201501	2 月 21－22 日	扬沙	地面冷锋、 蒙古气旋	内蒙古中西部、陕西北部、河北北部等地的部分地区出现扬沙，内蒙古中部局地出现沙尘暴，朱日和、二连浩特出现强沙尘暴。	4～6 级， 局 部 地 区 7 级
201502	3 月 2 日	扬沙	地面冷锋	新疆南疆盆地、甘肃中部、内蒙古西部、宁夏、陕西中北部等地出现了扬沙，新疆南疆盆地东部、内蒙古吉兰太出现沙尘暴，新疆若羌出现强沙尘暴。	4～6 级， 局 部 地 区 7 级
201503	3 月 8 日	扬沙	地面冷锋	新疆南疆盆地、甘肃西部、内蒙古西部等地的部分地区出现扬沙，新疆若羌、且末出现沙尘暴。	3～4 级， 部 分 地 区 5 级
201504	3 月 14 日	扬沙	蒙古气旋	内蒙古中部、山西北部出现扬沙。	4～6 级， 部 分 地 区 7 级
201505	3 月 27－29 日	扬沙	地面气旋	宁夏北部、内蒙古中西部、辽宁中部、吉林南部、北京、天津、河北北部等地的部分地区出现扬沙，内蒙古二连浩特出现沙尘暴。	4～6 级， 局 部 地 区 7 级
201506	3 月 31 日 －4 月 1 日	强沙尘暴	热低压、 地面气旋 和冷锋	新疆南疆盆地、青海西北部、甘肃中西部、内蒙古西部、宁夏北部出现扬沙，部分地区出现沙尘暴，其中，新疆铁干里克、内蒙古额济纳和巴彦淖尔公、青海小灶火和诺木洪、甘肃敦煌和瓜州等地出现了强沙尘暴。	3～6 级， 部 分 地 区 7 级
201507	4 月 15 日	扬沙	地面冷锋	内蒙古中西部、宁夏北部、陕西北部、山西中北部、河北北部、黑龙江西部、吉林西部、辽宁北部等地出现扬沙。	4～6 级， 部 分 地 区 7 级

编号	起止时间	过程类型	主要影响系统	扬沙和沙尘暴主要影响范围	风力
201508	4 月 27—29 日	沙尘暴	地面冷锋	新疆东部和南疆盆地、青海西北部、甘肃西部等地出现扬沙，部分地区出现沙尘暴。其中，新疆和田、民丰、奇台和轮台以及甘肃马鬃山出现强沙尘暴。	3～5 级，部分地区 6～7 级，局地 9～10 级
201509	4 月 30 日	扬沙	地面冷锋	内蒙古中西部、宁夏北部等地的部分地区出现扬沙。	4～6 级，局部地区 7 级
201510	5 月 5 日	扬沙	地面气旋	内蒙古中部、黑龙江南部、吉林大部、辽宁北部等地出现扬沙，其中吉林通榆出现沙尘暴。	4～6 级，部分地区 7 级
201511	5 月 10 日	扬沙	热低压、地面气旋和冷锋	新疆南疆盆地、青海西北部等地的部分地区出现扬沙，其中新疆且末出现沙尘暴，新疆巴楚出现强沙尘暴。	3～5 级，部分地区 6 级
201512	5 月 17 日	扬沙	地面冷锋	甘肃中部、内蒙古西部、宁夏北部、陕西北部出现扬沙，其中内蒙古吉兰太出现沙尘暴。	3～5 级，局部地区 6～7 级
201513	5 月 31 日	扬沙	地面气旋	内蒙古中东部、吉林西部、辽宁北部等地出现扬沙。	5～6 级，局部地区 7 级
201514	6 月 9—10 日	扬沙	热低压、地面冷锋	新疆南疆盆地等地出现扬沙，部分地区出现沙尘暴，其中新疆莎车、皮山、民丰出现强沙尘暴。	4～5 级，部分地区 6～7 级
201515	8 月 15—16 日	扬沙	地面冷锋	新疆南疆盆地、青海西北部、甘肃西部、内蒙古西部、宁夏北部等地的部分地区出现扬沙，其中新疆红柳河出现沙尘暴。	4～5 级，部分地区 6 级

4 2015 年逐月沙尘天气日数分布图

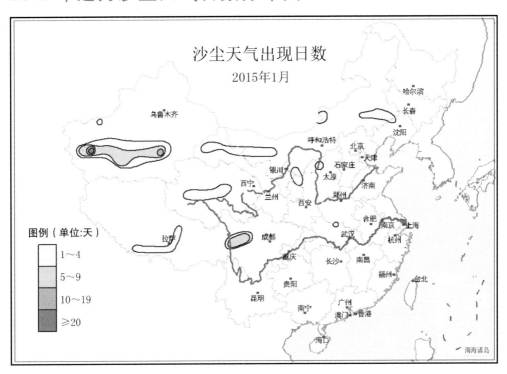

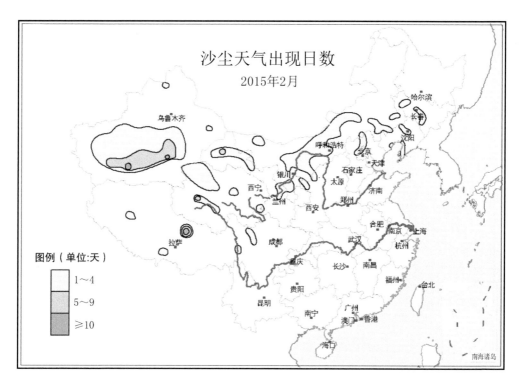

沙尘暴天气出现日数
2015年2月

图例（单位:天）

☐ ≥1

强沙尘暴天气出现日数
2015年2月

图例（单位:天）

☐ ≥1

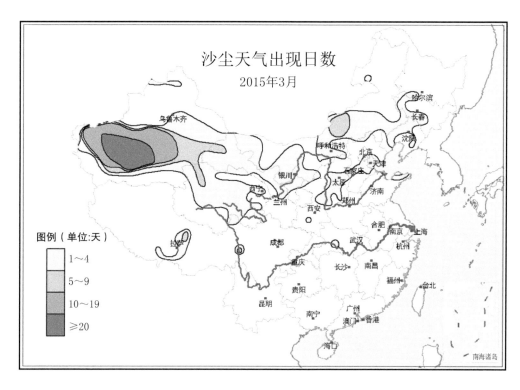

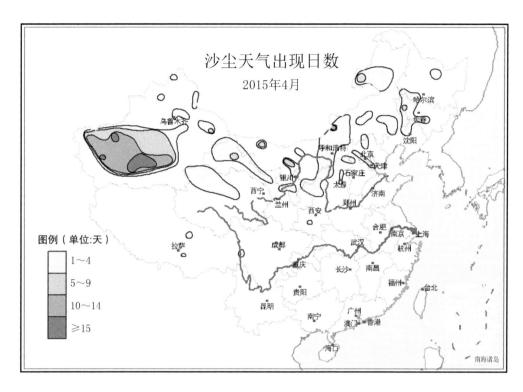

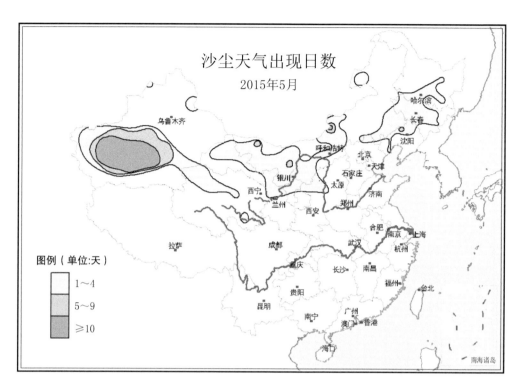

沙尘暴天气出现日数
2015年5月

图例（单位:天）
≥1

强沙尘暴天气出现日数
2015年5月

图例（单位:天）
≥1

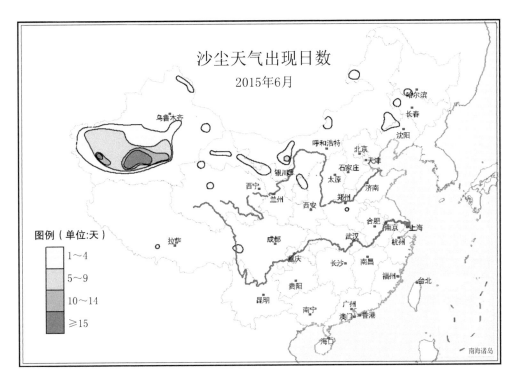

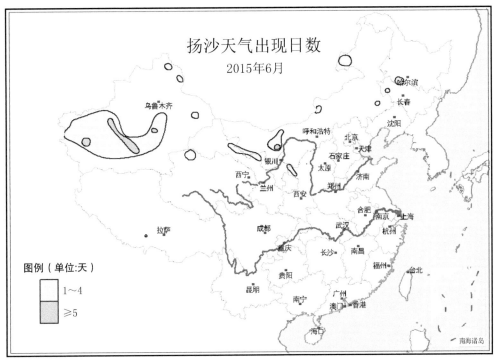

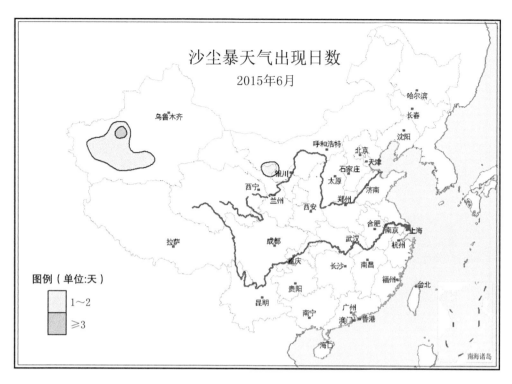

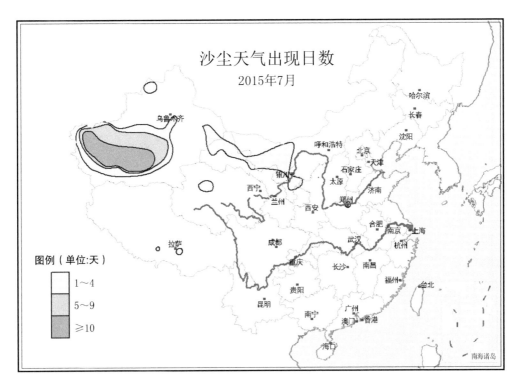

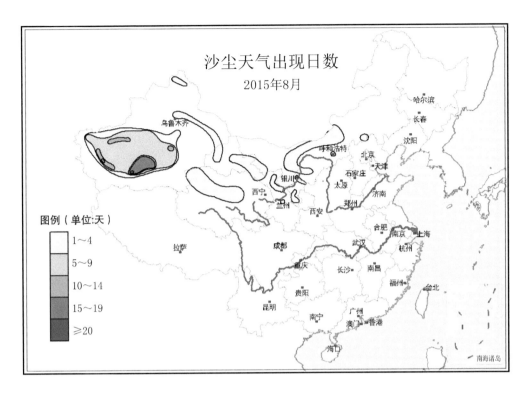

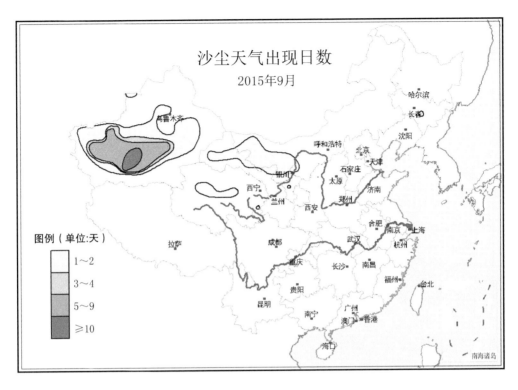

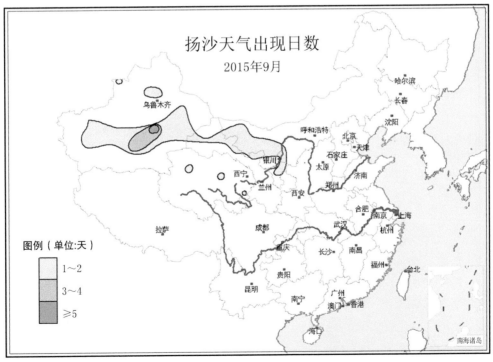

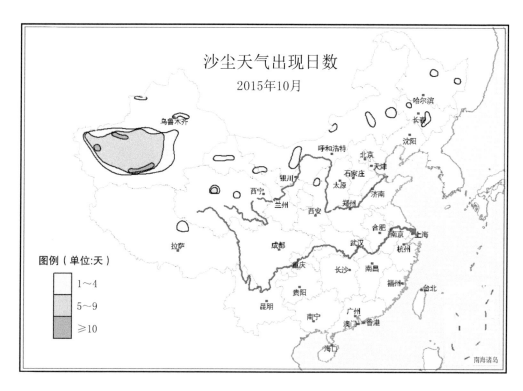

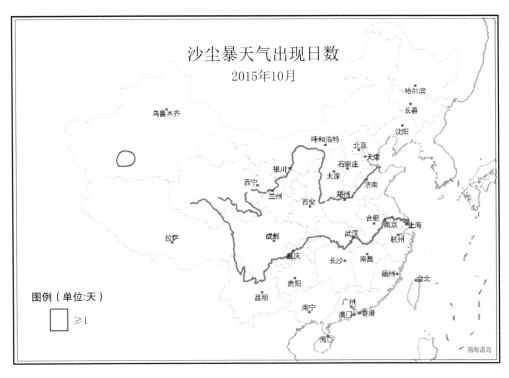

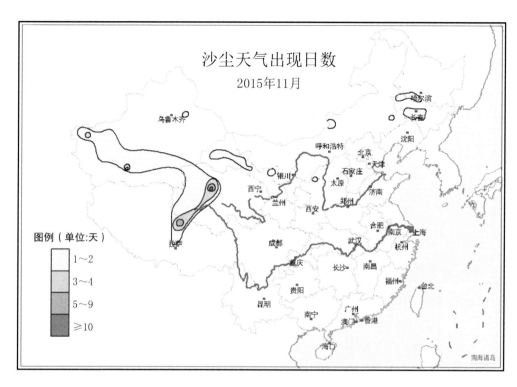

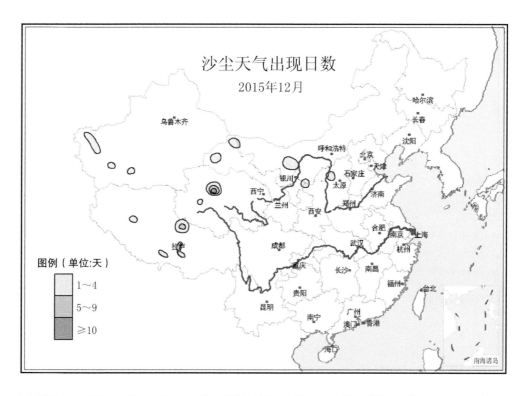

5 2015 年沙尘天气过程图表

5.1 2月21－22日扬沙天气过程

5.1.1 沙尘天气过程描述

起止时间	2月21－22日
类　型	扬沙天气过程
最大风速（单位：m/s） 及出现地点	16 内蒙古：朱日和
最小能见度（单位：km） 及出现地点	0.2 内蒙古：二连浩特、朱日和
沙尘路径	偏北路径型
沙尘暴范围	内蒙古中部
强沙尘暴地点	内蒙古：二连浩特、朱日和
影响系统	地面冷锋、蒙古气旋

5.1.2 沙尘天气范围图

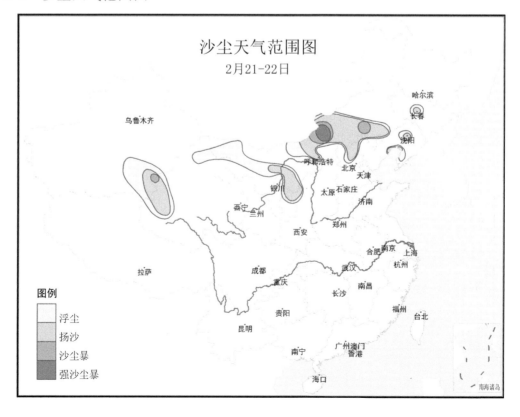

5.1.3　2 月 21 日 08 时 500 hPa 环流形势图

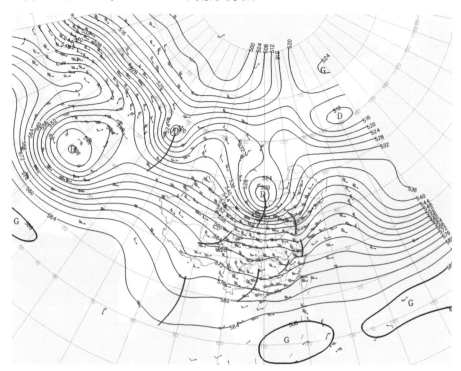

5.1.4　2 月 21 日 08 时地面天气图

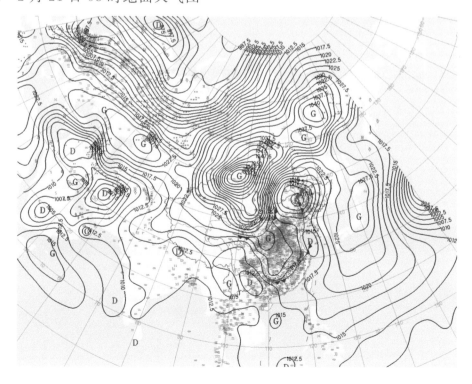

5.1.5 气象卫星监测图

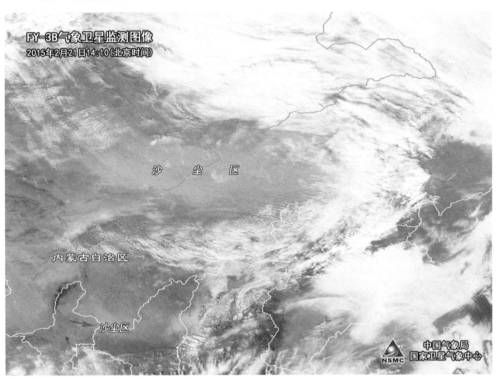

5.2 3 月 2 日扬沙天气过程

5.2.1 沙尘天气过程描述

起止时间	3 月 2 日
类 型	扬沙天气过程
最大风速（单位：m/s）及出现地点	16 内蒙古：巴音毛道
最小能见度（单位：km）及出现地点	0.1 新疆：若羌
沙尘路径	偏西路径型
沙尘暴范围	新疆南疆盆地东部、内蒙古吉兰太
强沙尘暴地点	新疆：若羌
影响系统	地面冷锋

5.2.2 沙尘天气范围图

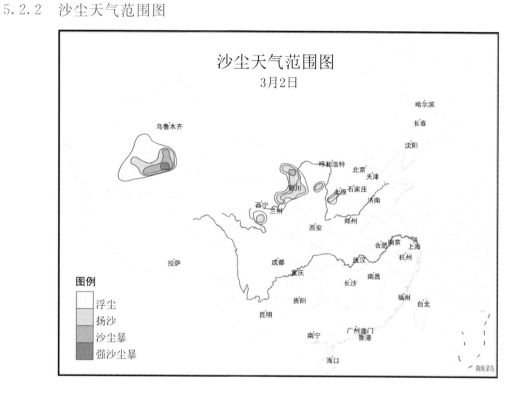

5.2.3 3 月 2 日 20 时 500 hPa 环流形势图

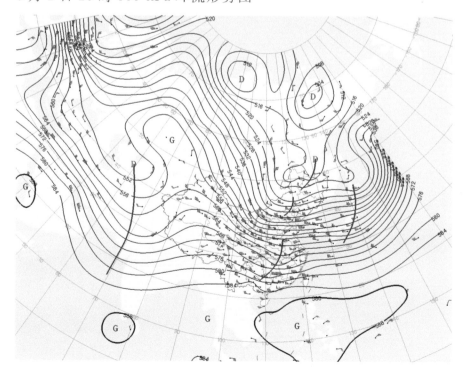

5.2.4 3月2日20时地面天气图

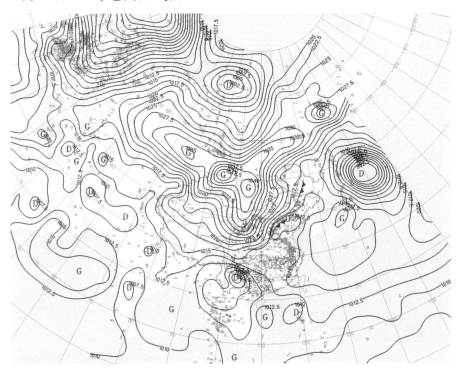

5.2.5 气象卫星监测图

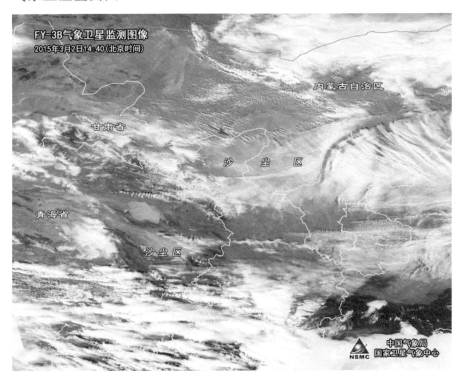

5.3　3月8日扬沙天气过程

5.3.1　沙尘天气过程描述

起止时间	3月8日
类　型	扬沙天气过程
最大风速（单位：m/s）及出现地点	9 新疆：且末
最小能见度（单位：km）及出现地点	0.2 新疆：若羌
沙尘路径	偏西路径型
沙尘暴范围	新疆南疆盆地东部
强沙尘暴地点	/
影响系统	地面冷锋

5.3.2　沙尘天气范围图

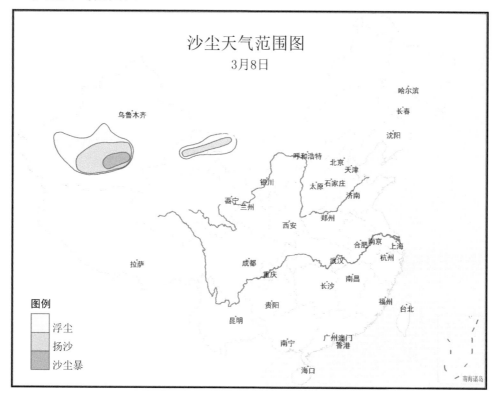

沙尘天气范围图
3月8日

图例
浮尘
扬沙
沙尘暴

5.3.3 3月8日08时500 hPa 环流形势图

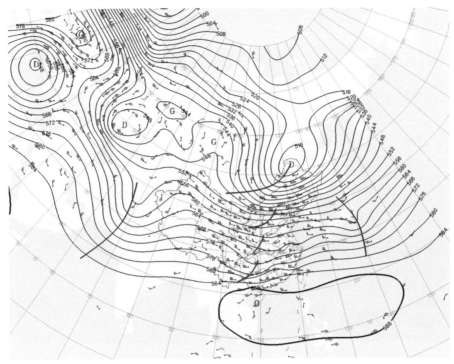

5.3.4 3月8日08时地面天气图

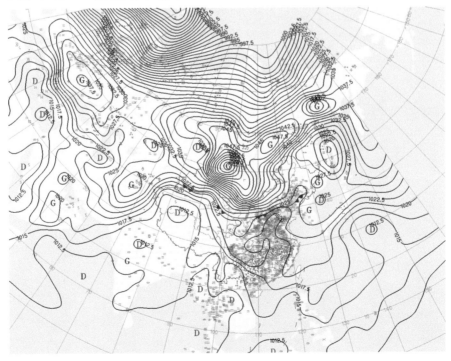

5.3.5 气象卫星监测图

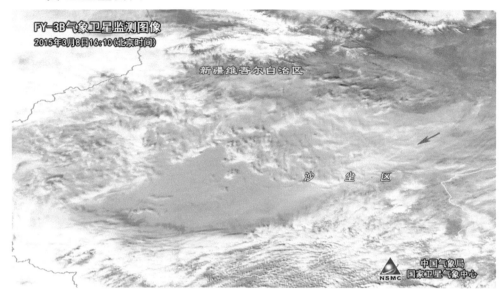

5.4 3月 14 日扬沙天气过程

5.4.1 沙尘天气过程描述

起止时间	3月 14 日
类　型	扬沙天气过程
最大风速（单位：m/s）及出现地点	16 内蒙古：二连浩特
最小能见度（单位：km）及出现地点	0.9 内蒙古：二连浩特
沙尘路径	偏北路径型
沙尘暴范围	/
强沙尘暴地点	/
影响系统	蒙古气旋

5.4.2 沙尘天气范围图

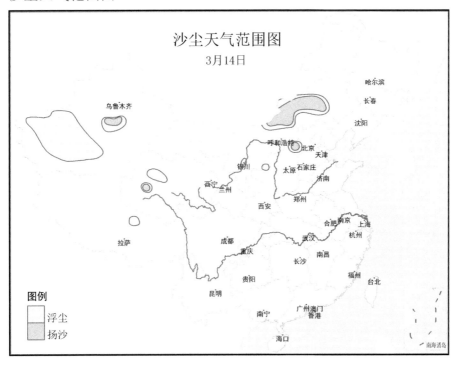

5.4.3 3 月 14 日 08 时 500 hPa 环流形势图

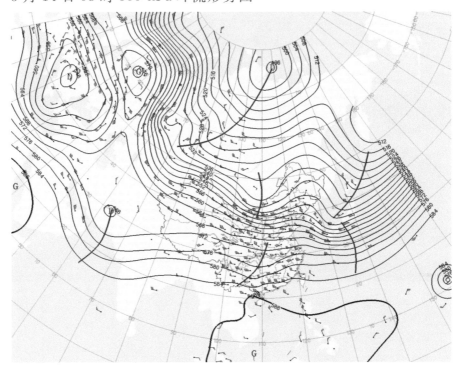

5.4.4　3月14日08时地面天气图

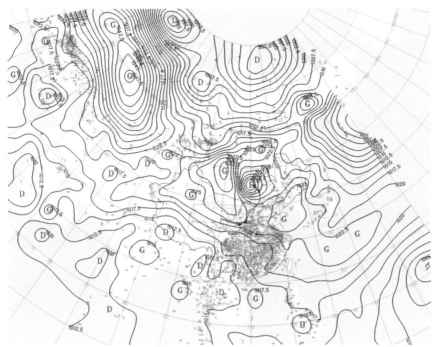

5.4.5　气象卫星监测图

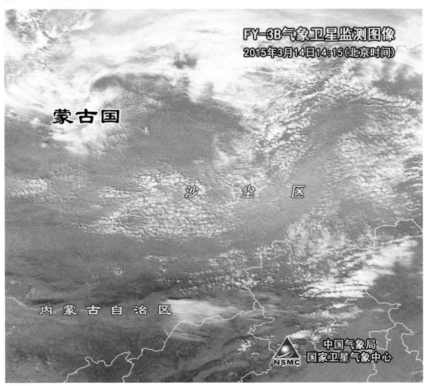

5.5　3 月 27－29 日扬沙天气过程

5.5.1　沙尘天气过程描述

起止时间	3 月 27－29 日
类　型	扬沙天气过程
最大风速（单位：m/s）及出现地点	17 内蒙古：二连浩特
最小能见度（单位：km）及出现地点	0.6 内蒙古：二连浩特
沙尘路径	偏北路径型
沙尘暴地点	内蒙古：二连浩特
强沙尘暴地点	/
影响系统	地面气旋

5.5.2　沙尘天气范围图

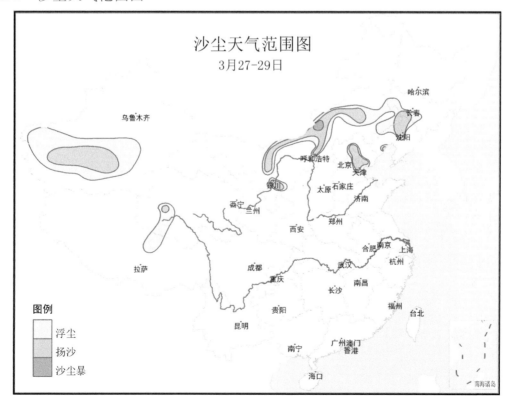

5.5.3　3 月 27 日 20 时 500 hPa 环流形势图

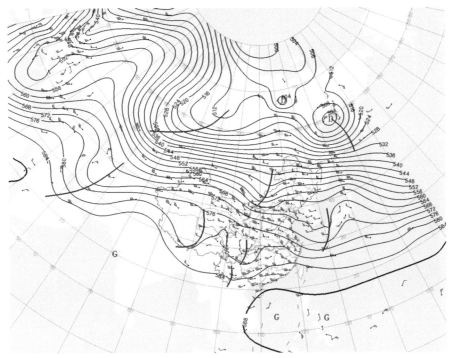

5.5.4　3 月 27 日 20 时地面天气图

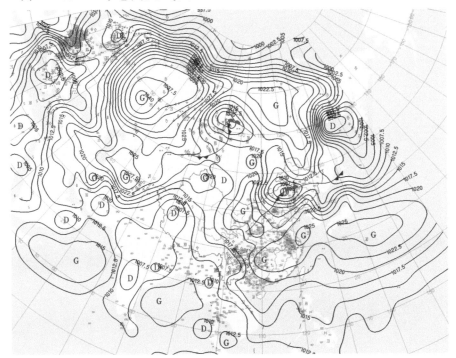

5.5.5 气象卫星监测图

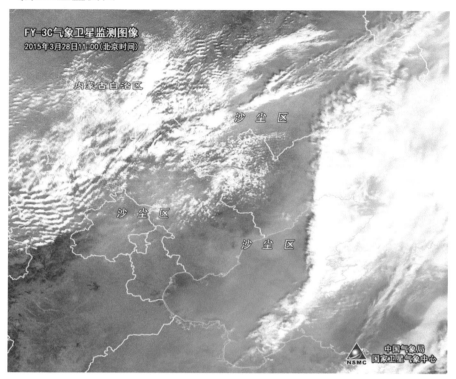

5.6 3月31日－4月1日强沙尘暴天气过程

5.6.1 沙尘天气过程描述

起止时间	3月31日－4月1日
类　型	强沙尘暴天气过程
最大风速（单位：m/s） 及出现地点	17 青海：冷湖；内蒙古：海力素
最小能见度（单位：km） 及出现地点	0.1 新疆：若羌
沙尘路径	偏西路径型
沙尘暴范围	新疆南疆盆地、青海西北部、甘肃中西部、 内蒙古西部、宁夏北部等地的部分地区
强沙尘暴范围	新疆铁干里克、青海塔里木盆地、 甘肃西部、内蒙古西部等地
影响系统	热低压、地面气旋和冷锋

5.6.2 沙尘天气范围图

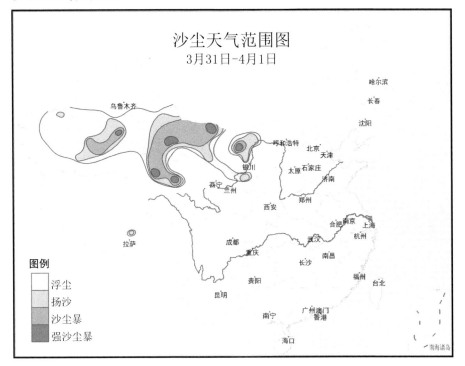

5.6.3 3 月 31 日 08 时 500 hPa 环流形势图

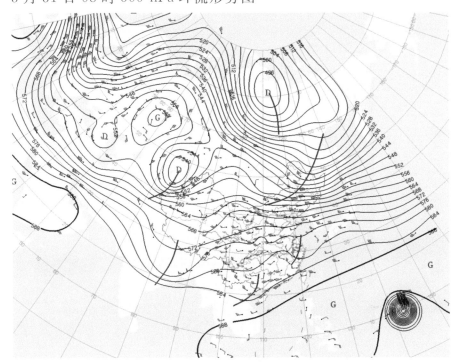

5.6.4 3月31日08时地面天气图

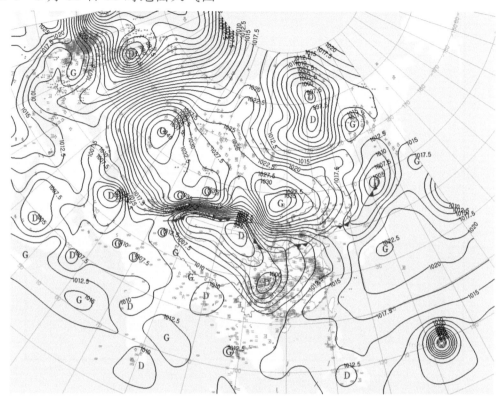

5.6.5 气象卫星监测图

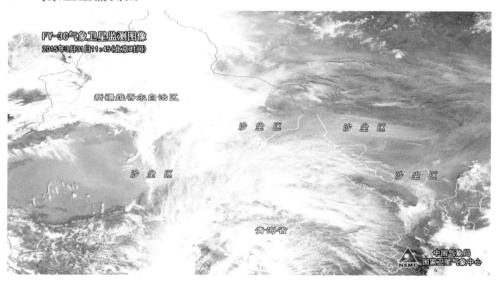

5.7 4 月 15 日扬沙天气过程

5.7.1 沙尘天气过程描述

起止时间	4 月 15 日
类　型	扬沙天气过程
最大风速（单位：m/s）及出现地点	17 内蒙古：呼和浩特
最小能见度（单位：km）及出现地点	1.3 内蒙古：海力素
沙尘路径	偏北路径型
沙尘暴范围	/
强沙尘暴地点	/
影响系统	地面冷锋

5.7.2 沙尘天气范围图

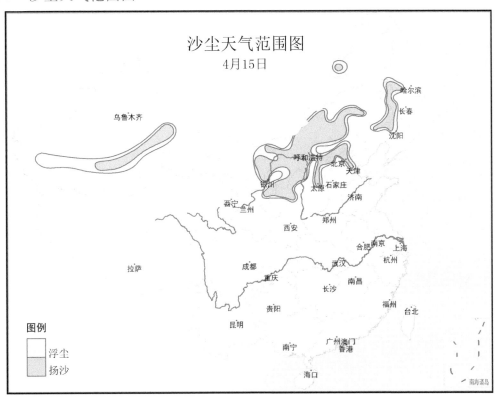

5.7.3　4 月 15 日 20 时 500 hPa 环流形势图

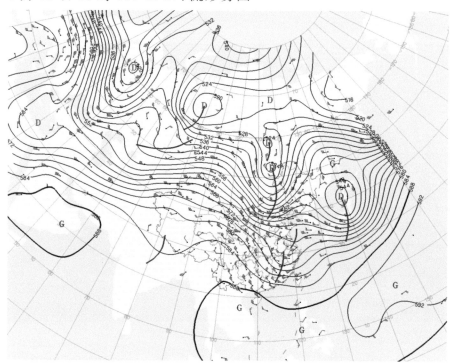

5.7.4　4 月 15 日 20 时地面天气图

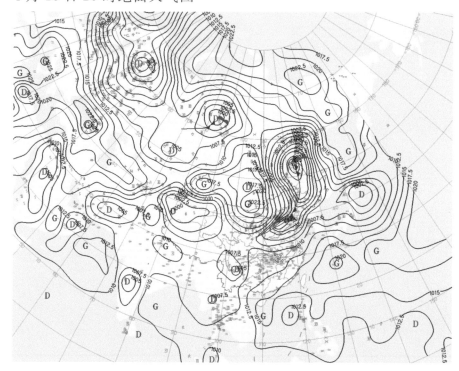

5.7.5 气象卫星监测图

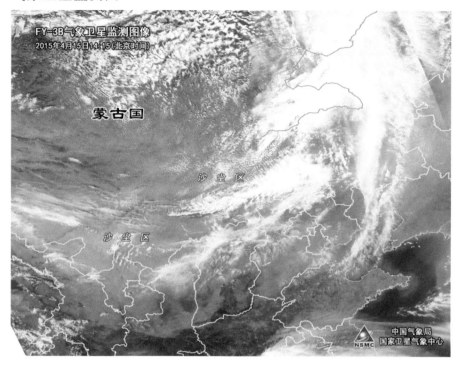

5.8 4 月 27－29 日沙尘暴天气过程

5.8.1 沙尘天气过程描述

起止时间	4 月 27－29 日
类　　型	沙尘暴天气过程
最大风速（单位：m/s） 及出现地点	25 新疆：十三间房
最小能见度（单位：km） 及出现地点	0.1 新疆：和田
沙尘路径	偏西路径型
沙尘暴范围	新疆东部和南疆盆地、甘肃西部部分地区
强沙尘暴范围	新疆东部和南疆盆地、甘肃西部局部地区
影响系统	地面冷锋

5.8.2　沙尘天气范围图

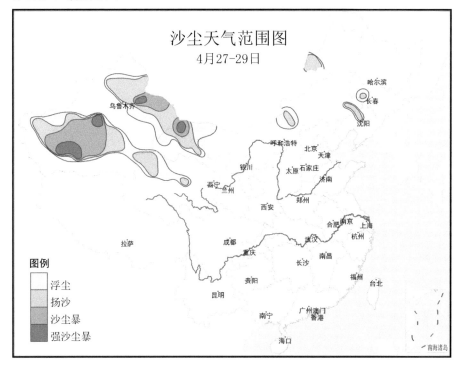

5.8.3　4 月 28 日 08 时 500 hPa 环流形势图

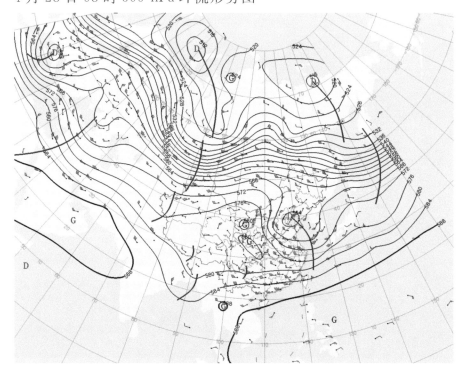

5.8.4 4 月 28 日 08 时地面天气图

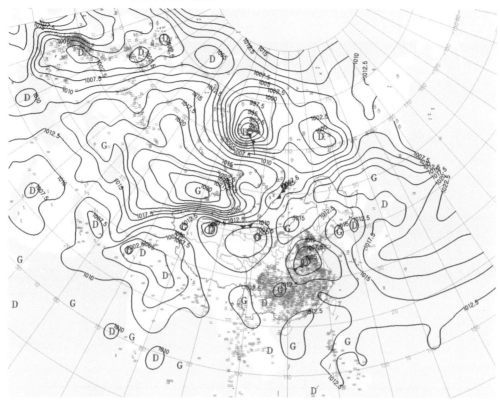

5.8.5 气象卫星监测图

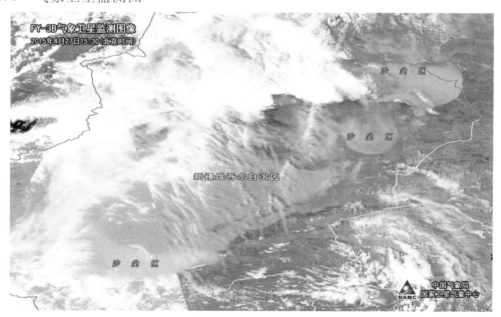

5.9 4月30日扬沙天气过程

5.9.1 沙尘天气过程描述

起止时间	4月30日
类　型	扬沙天气过程
最大风速（单位：m/s）及出现地点	16 内蒙古：那仁宝力格
最小能见度（单位：km）及出现地点	1 内蒙古：吉兰太
沙尘路径	西北路径型
沙尘暴范围	/
强沙尘暴地点	/
影响系统	地面冷锋

5.9.2 沙尘天气范围图

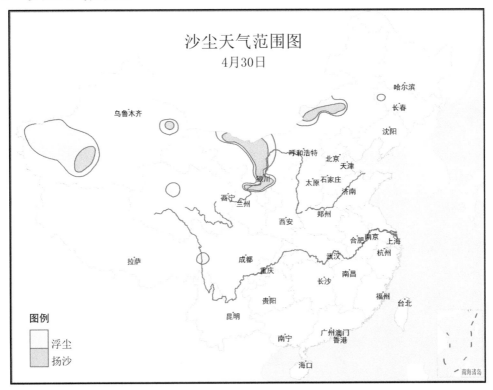

沙尘天气范围图
4月30日

图例
浮尘
扬沙

5.9.3　4 月 30 日 08 时 500 hPa 环流形势图

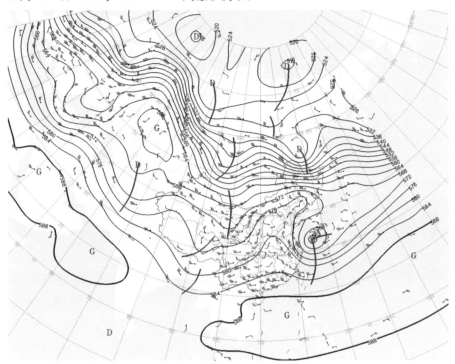

5.9.4　4 月 30 日 08 时地面天气图

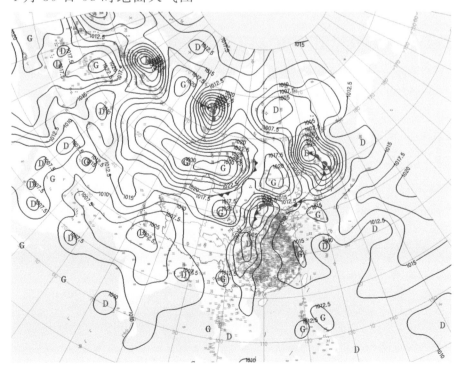

5.9.5　气象卫星监测图

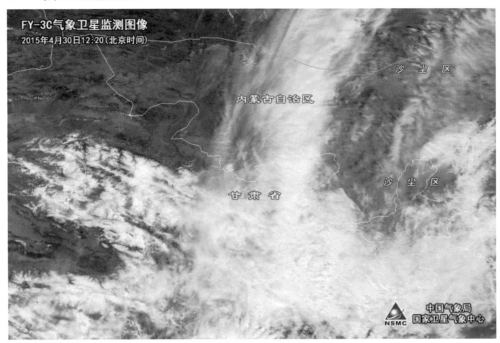

5.10　5月5日扬沙天气过程

5.10.1　沙尘天气过程描述

起止时间	5月5日
类　　型	扬沙天气过程
最大风速（单位：m/s）及出现地点	14 吉林：通榆、蛟河
最小能见度（单位：km）及出现地点	0.9 吉林：通榆
沙尘路径	偏北路径型
沙尘暴地点	吉林：通榆
强沙尘暴地点	/
影响系统	地面气旋

5.10.2 沙尘天气范围图

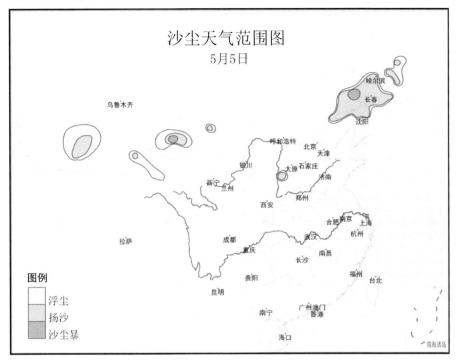

5.10.3 5 月 5 日 08 时 500 hPa 环流形势图

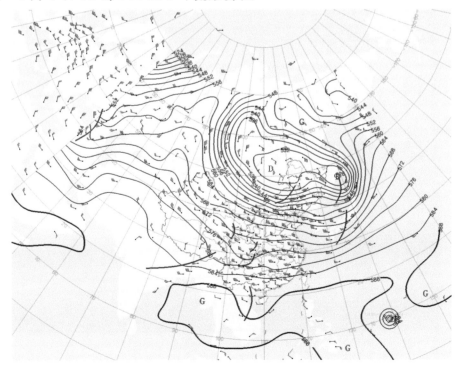

5.10.4　5 月 5 日 08 时地面天气图

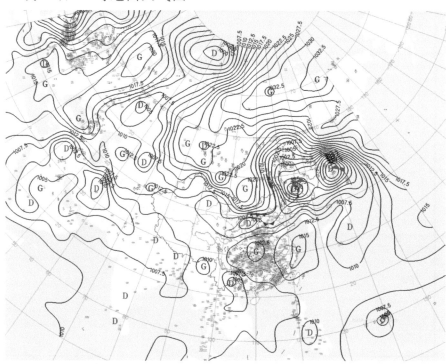

5.10.5　气象卫星监测图

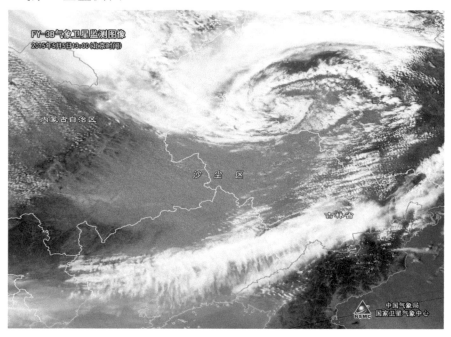

5.11 5月10日扬沙天气过程

5.11.1 沙尘天气过程描述

起止时间	5月10日
类　型	扬沙天气过程
最大风速（单位：m/s）及出现地点	11 新疆：且末
最小能见度（单位：km）及出现地点	0.1 新疆：巴楚
沙尘路径	南疆盆地型
沙尘暴地点	新疆：且末
强沙尘暴地点	新疆：巴楚
影响系统	热低压、地面气旋和冷锋

5.11.2 沙尘天气范围图

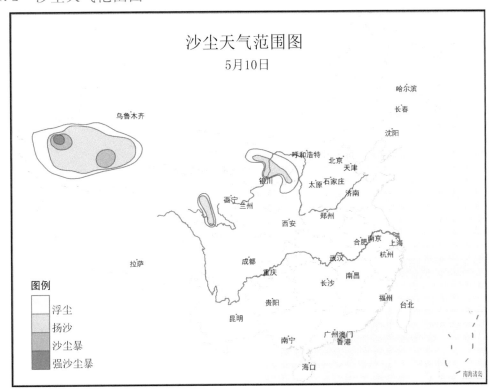

5.11.3　5 月 10 日 08 时 500 hPa 环流形势图

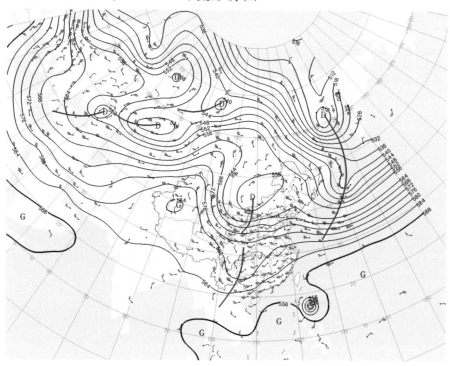

5.11.4　5 月 10 日 08 时地面天气图

5.11.5　气象卫星监测图

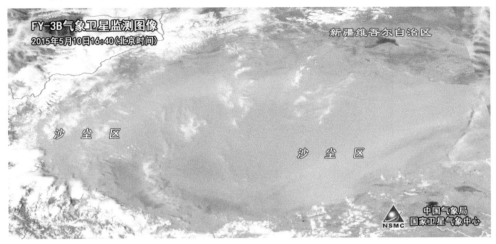

5.12　5月17日扬沙天气过程

5.12.1　沙尘天气过程描述

起止时间	5月17日
类　型	扬沙天气过程
最大风速（单位：m/s）及出现地点	14 内蒙古：吉兰太
最小能见度（单位：km）及出现地点	0.7 内蒙古：吉兰太
沙尘路径	西北路径型
沙尘暴地点	内蒙古：吉兰太
强沙尘暴地点	／
影响系统	地面冷锋

5.12.2 沙尘天气范围图

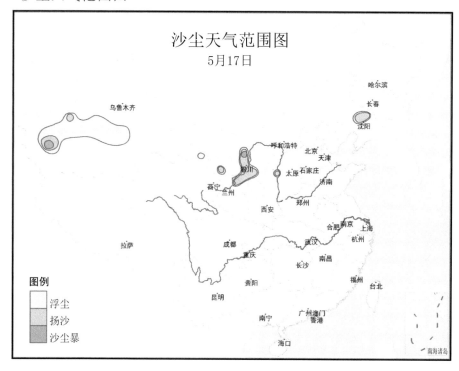

5.12.3 5 月 17 日 08 时 500 hPa 环流形势图

5.12.4　5月17日08时地面天气图

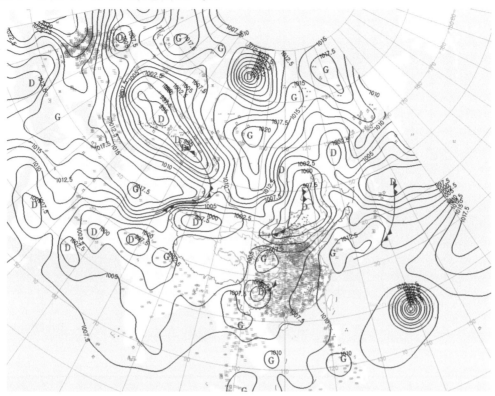

5.12.5　气象卫星监测图

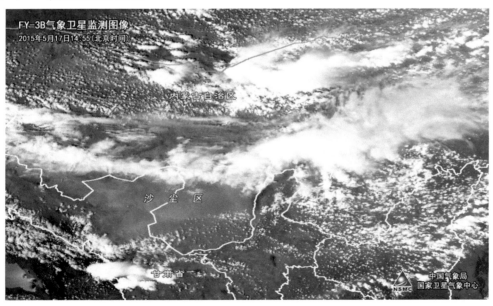

5.13 5月31日扬沙天气过程

5.13.1 沙尘天气过程描述

起止时间	5月31日
类　型	扬沙天气过程
最大风速（单位：m/s）及出现地点	16 吉林：双辽
最小能见度（单位：km）及出现地点	1.2 吉林：双辽
沙尘路径	偏北路径型
沙尘暴地点	/
强沙尘暴地点	/
影响系统	地面气旋

5.13.2 沙尘天气范围图

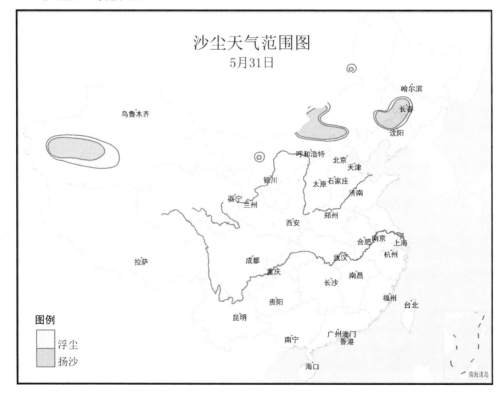

5.13.3 5 月 31 日 20 时 500 hPa 环流形势图

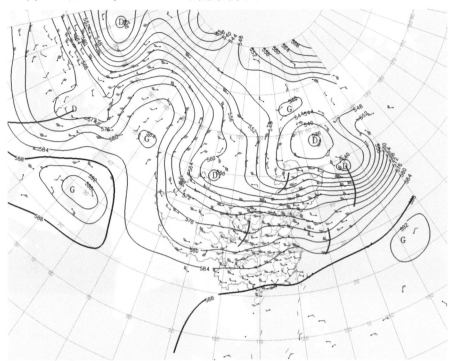

5.13.4 5 月 31 日 20 时地面天气图

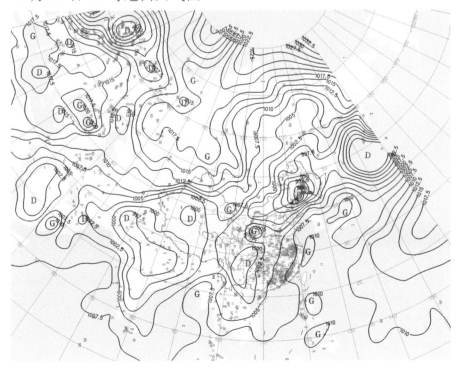

5.13.5 气象卫星监测图

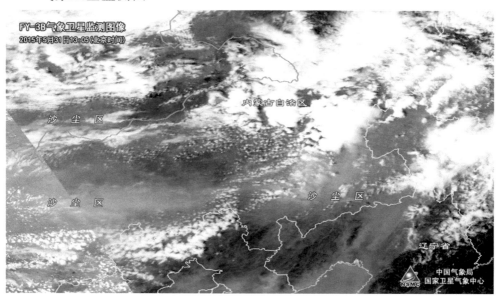

5.14 6月9-10日扬沙天气过程

5.14.1 沙尘天气过程描述

起止时间	6月9-10日
类 型	扬沙天气过程
最大风速（单位：m/s）及出现地点	17 新疆：喀什
最小能见度（单位：km）及出现地点	0.1 新疆：莎车、皮山
沙尘路径	南疆盆地型
沙尘暴地点	新疆南疆盆地部分地区
强沙尘暴地点	新疆：莎车、皮山、民丰
影响系统	热低压、地面冷锋

5.14.2 沙尘天气范围图

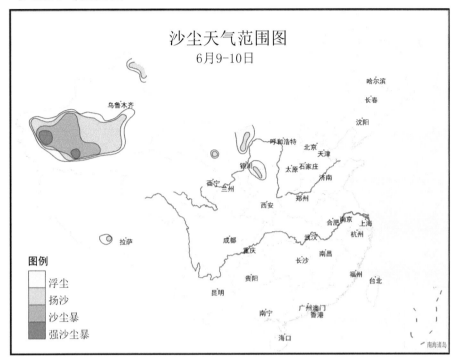

5.14.3 6 月 9 日 20 时 500 hPa 环流形势图

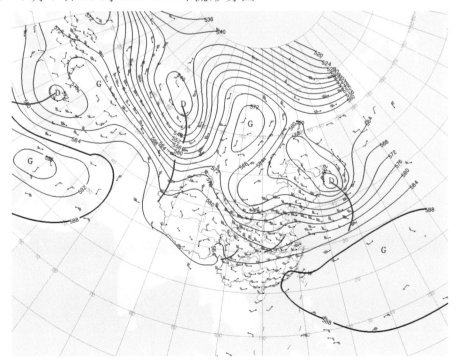

5.14.4 6月9日20时地面天气图

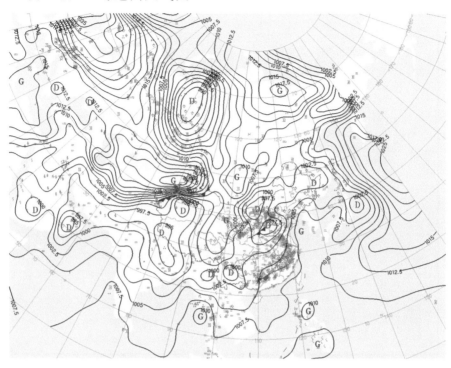

5.14.5 气象卫星监测图

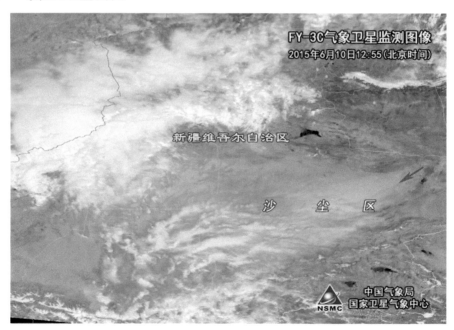

5.15　8月15－16日扬沙天气过程

5.15.1　沙尘天气过程描述

起止时间	8月15－16日
类　　型	扬沙天气过程
最大风速（单位：m/s）及出现地点	13 内蒙古：巴音毛道
最小能见度（单位：km）及出现地点	0.5 新疆：红柳河
沙尘路径	偏西路径型
沙尘暴地点	新疆：红柳河
强沙尘暴地点	/
影响系统	地面冷锋

5.15.2　沙尘天气范围图

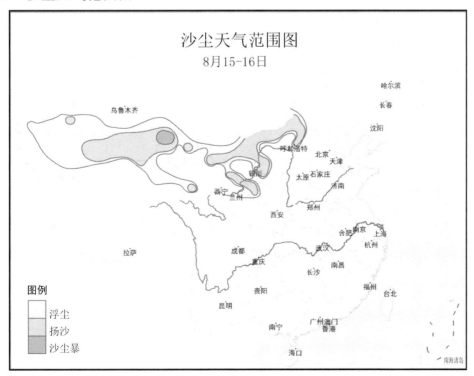

沙尘天气范围图
8月15-16日

图例
浮尘
扬沙
沙尘暴

5.15.3 8月15日20时500 hPa 环流形势图

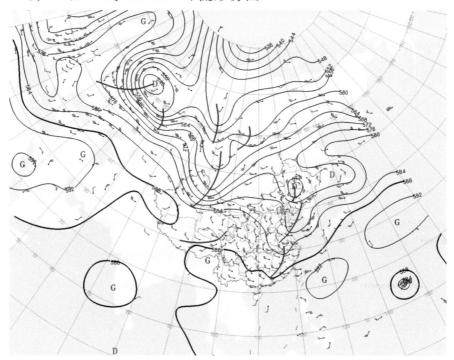

5.15.4 8月15日20时地面天气图

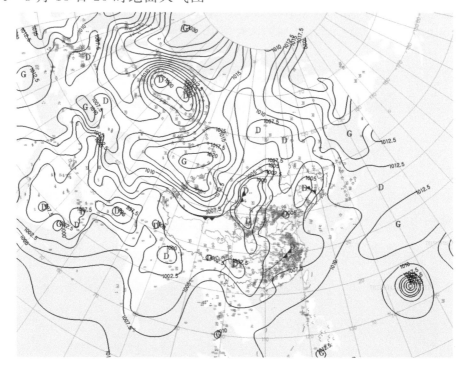

5.15.5 气象卫星监测图